日本人の知恵を
学ぼう！

すがたをかえる
食べもの

つくる人と現場①

大豆

あすなろ書房

これって、なにから
できてるの？

節分の豆まき

節分に、その年のえんぎのよい方角を向いて
丸かぶりするとよいとされる「恵方巻き」。

節分のときにまく豆も、恵方巻きに入っている高野どうふも、大豆からできているんだよ！

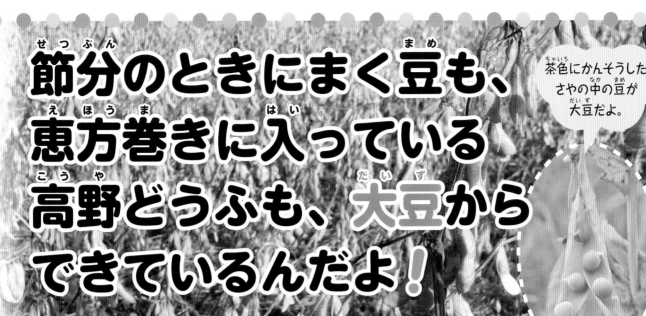

茶色にかんそうしたさやの中の豆が大豆だよ。

大豆は畑でつくられるんだ。

節分には、豆を年の数より1つ多く食べるんだ。

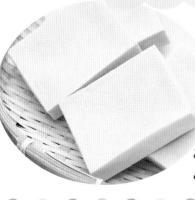

恵方巻きには、卵焼きや高野どうふのふくめ煮などが入っているよ。

これが高野どうふだよ。

3

はじめに

　この本は、いつも口にしている食べ

ものが、なにからどんなふうに手を加えられて、

すがたをかえたのかを知る本です。1つの食材がさまざまなものにす

がたをかえる過程を知り、その過程には多くの人の知恵と努力が注ぎ

こまれていることを学びましょう。

　このシリーズは、次の4巻で構成しています。

第1巻　大豆

第2巻　米

第3巻　麦

第4巻　とうもろこし

　この「大豆」の巻では、節分などに食べる身近な食べものが、な

にからできているか？　と考えることからはじめます。そして、そ

こから出発して、大豆のさまざまなへんしんを見ていきましょう。

　この本を読んで、みなさんが食べものを身近にとらえ、興味を

もってどんどん調べていってくれることを願っています。

もくじ

大豆がとれるまで

大豆は畑のお肉といわれるほど、栄養価の高いお豆。
農家の人はどんな工夫をして、大豆を育てているのかな。
土づくりから収穫までを見てみよう。

① 土づくり

おいしい豆を育てるには、土づくりがたいせつ。

土の栄養になる堆肥を手づくりしているよ。

堆肥が完成したら畑に入れて、よくたがやす。

土に落葉や野菜くずなどをまぜこみ堆肥をつくっているんだ。いま発酵中だから、湯気が出ているよ。

② 種をまく

高さ20～30cmのうねをつくって、うねの中央部に種を1か所に3つぶずつまく。そのあと、うすく土をかけるんだ。

③ 芽が出る

種をまいて4〜5日すると芽が出て、その1〜2日後には子葉（ふた葉）が開くよ。

豆はハトやカラスなど鳥の大好物。せっかくまいた種を食べられてしまわないように、種まきのあと、防鳥ネットをかけておいたんだ。

④ 本葉が出てくる

ふた葉の次に、ふた葉の形によく似た初生葉が出てきて、1週間ほどすると、本葉が出てくるよ。

本葉

初生葉

大豆の本葉は、3枚の葉がワンセットの複葉だよ。

⑤ 成長する

本葉がふえてきたら、根元に土をよせたり、支柱を立てたりして、茎が風でたおれないようにするんだよ。

⑥ 花が咲く

大豆は、品種によって白やうすむらさき色の花を咲かせる。大豆の花はとても小さいよ。葉のかげにかくれて、ほとんど気がつかないほどなんだ。

花が咲いてから実がなるまでは、多めに水やりをするんだ。水が足りないと、花が落ちて実にならないことがあるからね。

⑦ 実がつく

花のあとに、大豆の実（さや）がつきはじめる。

さやの中の種が、さやとともにふくらんでいき、豆になるんだよ。

⑧ 見まわる

実がつきはじめたら、雑草がはえていないか、害虫がついていないか、念入りに畑を見まわる。

さやがふくらんできたよ！

⑨ 収穫時期を見きわめる

まだ青くて若いときの大豆の実を、枝豆というんだ。おいしい枝豆が収穫できる期間はとても短いので、収穫時期を見きわめることがたいせつ。

さやをさわってみて、中の豆が飛びだしそうなぐらいぷっくりしていたら、収穫するんだ。

⑩枝豆を収穫する

枝豆の収穫は、かりとるのではなく、根ごと土から引きぬく。

根元をしっかりつかんで、引きぬくんだよ。

根についている根粒

引きぬいた枝豆の根を見ると、小さい豆のようなものがいっぱいついているね。これは「根粒」といって、この中に根粒菌という微生物がたくさんすみついているんだ。
根粒菌は、植物の成長に必要なちっ素という成分を空気中から取りこんでくれるんだ。それで、豆科植物は栄養分の少ない土地でもよく育つんだよ。

⑪ 出荷する

根についた土をはらいおとし、余分な根や葉を取りのぞいて、1株ずつひもでまとめて出荷の準備をする。

枝豆のおいしさが長つづきするように、枝つきのまま出荷するんだよ。

もともとは枝豆の旬は秋

枝豆は夏の食べものというイメージがあるけれど、もともとは、成育とちゅうの大豆の一部を枝豆として収穫して、「十五夜のお月見」のときに食べる風習があったんだって。
現在では、枝豆用に品種改良された種をまいて、枝豆を育てている農家が多い。
夏の枝豆もおいしいけれど、大豆を育てるとちゅうで秋に収穫する枝豆は、格別においしいよ。

⑫ 大豆が成熟する

枝豆として収穫せずにのこした大豆は、1か月ほどすると、しだいに葉やさやが黄色くなってきて、さやの中の豆もかたくなってくる。

⒀ 大豆を収穫する

葉が落ちて、さやが黄色から茶色になってきたら、さやをふってみよう。カラカラとかわいた音がしたら、大豆の収穫時期。

このぐらいの量の大豆なら、カマでかりとるよ。

広い畑では、機械をつかってかりとるんだ。この機械をつかえば、収穫と脱穀を一度にできるんだよ。

　手でかりとった大豆の枝はカゴに入れ、ハウスの中でかんそうさせる。カラカラにかわいたら、さやを棒でたたいて豆を落とす。これを「脱穀」というよ。

大豆のできあがり！

いろいろな豆

豆類にはいろいろな種類があり、独特の形をしたさやをつけ、その中に種をつくるんだ。その種を、わたしたちは「豆」として食べているんだよ。
大豆と同じように、ほかの豆も、熟す前の若い豆を食べたり、完熟した豆（かんそう豆）を利用したりするよ。どんな豆があるか、見てみよう。

大豆のなかま

熟す前の
若いさやの中の豆を食べる。

枝豆

完熟させた
かんそう豆を利用する。

黄豆

黒豆

青豆

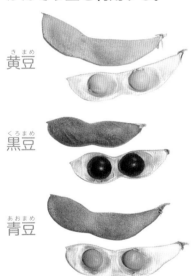

小豆のなかま

完熟させたかんそう豆を
利用する。

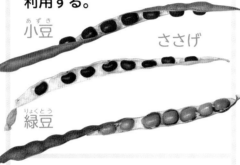

小豆

ささげ

緑豆

そら豆

熟す前の
若いさやの中の豆を食べる。

そら豆

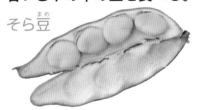

完熟させたかんそう豆を
利用する。

そら豆

えんどう豆のなかま

熟す前の若いさやを食べる。

さやえんどう（きぬさや）

熟す前の
若いさやの中の豆を食べる。

えんどう豆
（グリーンピース）

完熟させた
かんそう豆を利用する。

青えんどう　　赤えんどう

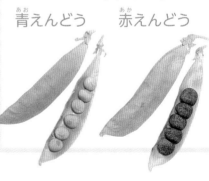

いんげん豆のなかま

熟す前の若いさやを食べる。

さやいんげん

完熟させたかんそう豆を利用する。

金時豆（赤いんげん豆）　　とら豆

1 節分の豆へ

かんそう豆はそのままでは食べられない。
大豆は昔から、煎ったり*、蒸したり、煮たりして、
いろいろ工夫して食べられてきたんだよ。
節分の豆（煎り豆）ができるまでを見てみよう。

湯につける

大豆をボウルに入れてさっと洗ったあと、熱湯をたっぷり注ぐ。そのまま、2時間ほどつけておく。

水気を切る

水をすってふくらんだ大豆をざるにあげて、2時間ほどそのままおき、しっかり水を切る。

中火で煎る

水を切った大豆をフライパンに入れ、中火にかける。フライパンをたえずゆすったり、おはしでまぜたりして、こげないように煎る。大豆からパチパチッとはじける音がしたら、弱火にする。

できあがり

弱火で15分ほどじっくり煎れば、できあがり。ざるにうつして、冷ます。

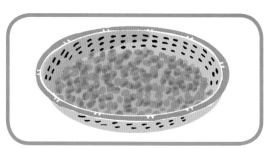

＊「煎る」とは、なべなどに入れて火であぶり、水分をとばしてカリッとさせること。

豆まきには、なぜ煎り豆をつかうの？

節分というのは、季節と季節のさかいめのことで、今ではとくに立春（2月3日ごろ）の前日のことをいう。鬼に豆をまくのは、豆のもつ力で邪気をはらい、幸福をよぶためだと考えられている。そして、まいた豆を拾って、「まめにくらせるように」と、年の数より1つ多い豆を食べるのが昔からのならわしだよ。

豆まきに煎った大豆（煎り豆）をつかうのは、なぜだろう？　それは、拾いそこねた豆から芽が出ると災いがおきるという、いいつたえがあるからだといわれているんだ。

それで、芽が出てこないように、大豆を煎ってから豆まきをするんだね。

枝豆を色よくゆでよう

枝豆の基本の食べかたは、ゆでること。色よく、おいしくゆでるには、どうしたらいいだろう。枝豆農家さんに、そのコツを教えてもらったよ。

1 下準備

塩は、枝豆100gあたり10gぐらい準備しよう。

枝からさやをはずすとき、さやの上の部分を切っておくといい。塩水でゆでるとき、中まで塩味がしみこむよ。

2 塩もみする

枝豆をざっと洗ったあと、準備した塩の約3分の1をふりかけて、両手でごしごしこすりあわせて、豆のうぶ毛を取る。

3 ゆでる

枝豆がかぶるぐらいの湯をわかし、のこりの塩を入れて枝豆をゆでる。お湯がふたたびわいてきてから、4〜5分ゆでる。

4 ゆで具合をたしかめる

枝豆を1つ取りだし、水で冷やして中の豆を食べてみて、ちょうどよいかたさかどうか、たしかめる。

5 ざるにあげて冷ます

ちょうどよいかたさだったら、湯をすてて、枝豆をざるにあげて冷ます。

熱湯に注意！

水をかけて冷やすと豆が水っぽくなるので、うちわなどであおいで冷ますようにしよう。

2 きな粉 へ

おもちにまぶして食べるきな粉も、
大豆からできていることを知っているかな？
きな粉はどんなふうにつくられるか、見てみよう。

煎る

大豆を焙煎機に投入する。直火と遠赤外線バーナーを使用した焙煎機の網が水平方向に回転して、大豆が煎られていくんだ。

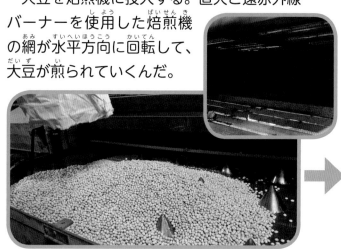

焙煎機に入れて15分ほどすると、大豆はピチピチと音をたてて、はぜてふくらむ。この音がしたら温度を上げて色をつけるが、こげる直前に焙煎機から出すのが、職人さんのうでの見せどころ。焙煎後の大豆は、風をあてて急冷する。

くだく

粉砕機で大豆を少しずつくだいて、粉末にしていく。

粉砕機

ふくろづめ

できあがったきな粉をふくろづめすれば、できあがり。

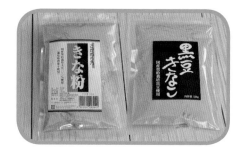

緑色のきな粉があるって、知っていた？

ふつうよくつかわれる黄色い色をしたきな粉は、黄豆からつくられる。じつは、青豆からもきな粉がつくられているんだ。このきな粉はうぐいす色をしているので、「うぐいすきな粉」とよばれているよ。

黒豆からもきな粉がつくられていて、「黒豆きな粉」とよばれている。黒豆といっても中まで黒いわけではないので、ふつうのきな粉より少し色がこいだけで、味に深みがあるといわれているよ。

大豆は栄養いっぱい！

大豆は「畑のお肉」といわれるほど、たんぱく質やエネルギーのもとになる炭水化物、ビタミン、食物せんい、脂質などがいっぱいふくまれているよ。
大豆とぶた肉の栄養成分をくらべてみよう。

栄養成分表 （100g中にふくまれる量）

*1μg（マイクログラム）=0.001mg

	たんぱく質	炭水化物	ビタミンA	ビタミンB1	食物せんい	脂質
大豆	33.8g	29.5g	1μg*	0.71mg	21.5g	19.7g
ぶた肉	19.3g	0.2g	6μg	0.69mg	0g	19.2g

※大豆は「かんそう」のときの数値、ぶた肉は「かたロース生」の数値。（日本食品成分表 2019 七訂より）

日本人の知恵

大豆はこんなに栄養いっぱいなので、豆としてそのまま食べるだけでなく、日本人はいろいろ工夫して、さまざまなすがたにかえて、日本の食べものをつくってきたんだね。なかでも、とうふ、しょうゆ、みそは、和食には欠かせない食品となっているよ。

では、大豆をまだ熟していないときに収穫した枝豆の栄養成分は、どうだろう？
枝豆は夏に食べられることが多いけれど、じつは、枝豆には夏バテを予防するはたらきがあるといわれているよ。それは、下のグラフのように、枝豆には、大豆には少なめなビタミンAやビタミンCを多くふくんでいるからなんだ。

栄養成分表 （100g中にふくまれる量）

	たんぱく質	炭水化物	ビタミンA	ビタミンC	食物せんい	脂質
大豆	33.8g	29.5g	1μg	3mg	21.5g	19.7g
枝豆	11.7g	8.8g	22μg	27mg	5.0g	6.2g

※大豆は「かんそう」のときの数値、枝豆は「生」のときの数値。（日本食品成分表 2019 七訂より）

見学！

おとうふ屋さん

身近な食べものの「とうふ」も、大豆からつくられるんだよ。
きょうは、東京都青梅市にある
「とうふ工房ゆう」さんのとうふづくりを見学しよう。

水につける

大豆を洗ったあと、一晩水につけておく。

道具を洗浄する

とうふづくりをはじめる前に、つかう道具や機械を洗って、殺菌する。とうふをつくる時間より道具を洗う時間のほうが長いといわれるほど、道具の洗浄はたいせつなんだ。

細かくくだく

水をふくんでふくらんだ大豆をざるにあけ、機械（グラインダー）に投入して、水を加えながらくだく。

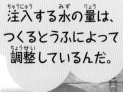

注入する水の量は、つくるとうふによって調整しているんだ。

くだかれて出てきたものを「呉」とよぶ。

かまでたく

「呉」を大きなかまに入れ、木べらでときどきかきまぜながら、たきあげる。火に直接かけてたくのではなく、約100度の蒸気で加熱するんだよ。

たきあがり

大豆は、たきあがるとにおいがかわるので、一瞬だけふたをあけて蒸気のにおいをかぐ。においがかわったら、すぐに豆乳を取りだす。

豆乳を取りだすのが
10秒でもおくれたら、
おいしいとうふにならないんだ。
とうふづくりでもっとも集中が
必要な作業だよ。

豆乳が出てくる

豆乳とおからに分けられて、かまから出てくる。左が豆乳、右がおから。

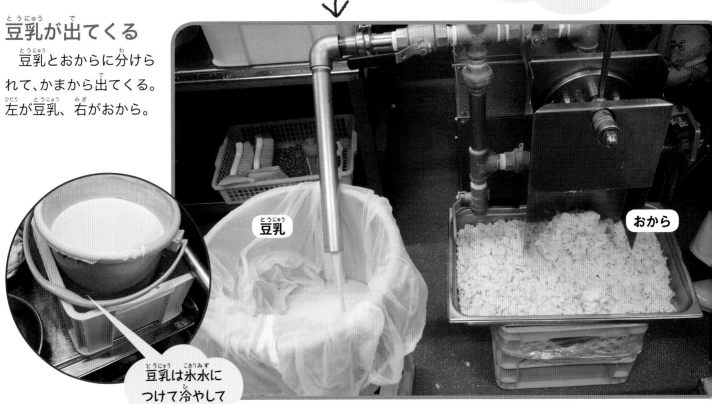

豆乳

おから

豆乳は氷水に
つけて冷やして
おくよ。

型に流しこむ

豆乳を型に流しこむ。

なめらかなとうふになるように、豆乳はこし網を通して流しこむんだ。

にがりを投入する

にがりを入れる。すると、すぐに豆乳はかたまって、とうふになる

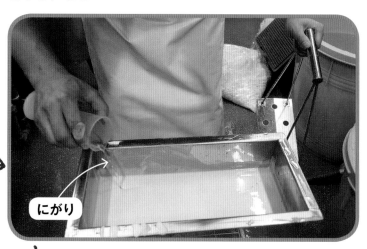

にがり

にがりとは？

にがりというのは、海水から塩を取りだしたあとにのこるミネラル類のこと。主成分は塩化マグネシウムで、豆乳をかためるはたらきがあるんだ。市販のとうふには、化学的につくられている硫酸カルシウムがつかわれていることもある。「とうふ工房ゆう」では、国内の海水100パーセントから精製された天然にがりをつかっているよ。

型から出す

とうふがかたまったら、とうふを水そうに取りだし、水にさらす。

切りわける
　水そうの中でとうふを切りわけて、パックに入れる。パックごと冷水に入れて冷やす。

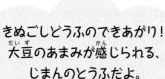
きぬごしどうふのできあがり！
大豆のあまみが感じられる、
じまんのとうふだよ。

きぬごしどうふ と もめんどうふのちがい

　基本的にとうふは、大豆をすりつぶし、それを加熱してしぼった汁（豆乳）を型に流しこんで、にがりを入れてかためてつくる。では、きぬごしどうふと、もめんどうふの大きなちがいはなんだろう？　それは、もめんどうふはにがりでかためたあと、もめんの布をしいた型につめなおし、その上から重石をして水分をおしだす点だよ。そうやってつくられるので、もめんどうふの表面にはもめんの布目がついているんだ。きぬごしどうふは水切りをしないので、絹のようになめらかな食感のとうふになる。それで、「きぬごしどうふ」とよばれるんだよ。

もめんどうふ

もめんどうふのできるまで

もめんどうふ独特の、かたまったとうふをくずして型につめる工程と、
水切りの工程を見てみよう。

とうふをくずす

　かたまったとうふをくずしながら、型につめていく。

> もめんどうふ用には、
> 底に穴があいた型に
> もめんの布をしいて
> つかうんだ。

平らにならす

　型につめたとうふを平らにならし、その上に布をかける。

水切りをする

　ふたをして、圧力をかけて水を切る。

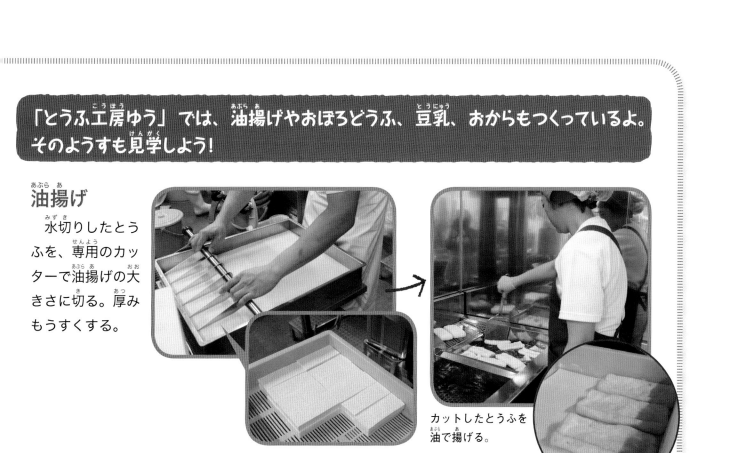

油揚げ

水切りしたとうふを、専用のカッターで油揚げの大きさに切る。厚みもうすくする。

カットしたとうふを油で揚げる。

できあがり

おぼろどうふ

もめんどうふづくりには、にがりでかためたものをいったんくずして、型につめるという工程がある。その型につめる前の、ゆるゆるしたやわらかいとうふを「おぼろどうふ」というんだよ。

豆乳

しぼった豆乳を小さなボトルにつめる。

おぼろどうふをかわいい容器に入れて出荷する。

おから

おからは、豆乳をしぼったあとの「しぼりかす」といわれるけれど、たんぱく質と食物せんいをふくんだすぐれた食材だよ。「とうふ工房ゆう」では毎日手づくりでとうふをつくっているので、新鮮なおからが毎日できるんだ。

おからをふくろづめする。

おからの煮物

おからと、にんじんや油揚げ、こんにゃくなどのこま切りをだし汁で煮ると、栄養たっぷりの総菜になるよ。日本人の知恵から生まれた料理だよ。

3 納豆 へ

大豆を、納豆菌という目に見えない
微生物の力をかりて発酵させると、
ネバネバの糸を引く納豆ができるんだ。
納豆ができるまでを見てみよう。

納豆には、小つぶの大豆が
つかわれることが多い。
大豆のつぶとごはんのつぶが
同じぐらいの大きさだと、納豆が
ごはんにからみやすいから
なんだ。

大豆を水にひたす

大豆を豆洗い機できれいに洗って、水にひたす。

水にひたしたあと、
じゅうぶんに水を
すった大豆。

蒸す

じゅうぶんに水をすった大豆を、
圧力がまで蒸しあげる。

蒸す時間は、
大豆の品種や産地にあわせて
細かく調整しているんだよ。

納豆菌をふきかける

やわらかく、ふっくらとした大豆をかまから取りだし、大豆が熱いうちに、水でうすめた納豆菌をふきかける。

熱いうちに
納豆菌をふりかけるのは、
雑菌が入らないように
するためだよ。

容器につめる

納豆菌のついた大豆が熱いうちに、容器につめる。容器には、次の4種類がある。

納豆菌がはたらくためには、酸素が必要。
そのため、大豆をあまり強くおさえこまずにもりこみ、
豆のあいだに適度なすきまがあるようにするんだ。

紙カップにつめる

わらづとにつめる

発泡スチロール容器にもりこむ

経木*にもりこむ

＊スギ・ヒノキなどの材木を紙のようにうすくけずったもの。食品をつつむのにつかう。

発酵させる

大豆をもりこんだ容器を発酵室に入れ、38〜42度で16〜24時間かけて発酵させる。

大豆がもりこまれた容器が整然とならんでいる発酵室。

わらづとが積まれた発酵室。

発酵室の温度・湿度は、容器によって細かく調整されている。

熟成・出荷

16〜24時間後、発酵室から出して発酵を止め、冷蔵室にうつして5度以下の低温で熟成させる。

できあがった納豆にラベルをかけ、10度以下の冷蔵状態で出荷する。

納豆菌とは？

煮た大豆に納豆菌をかけると、納豆菌は大豆のたんぱく質を分解して吸収しやすくするとともに、うま味のもとになるアミノ酸や、ビタミン、ミネラルなどの栄養素をつくりだし、大豆を栄養いっぱいの納豆にへんしんさせるんだ。

もともと納豆菌は、いねのわらやかれ草にすんでいる微生物。そのため、昔は、わらでつくる容器「わらづと」に煮豆をつめて発酵させて、納豆をつくっていた。

現在では、衛生管理がしやすい発泡スチロールの容器がつかわれることが多い。納豆菌も、自然にあるものではなく、培養されたものがつかわれている。わらづとや経木なども独特のよいかおりがすることなどから、数は少ないけれどつかわれつづけているよ。

わらづと納豆

こんな納豆もあるよ

ふつうの納豆は糸ひき納豆といって、ネバネバと白い糸を引くけれど、糸を引かない納豆もある。また、日本以外の国にも、納豆によく似た食べ物がある。

納豆菌をつかわない納豆

　糸を引かない納豆の代表は、静岡県の「浜納豆」、京都府の「大徳寺納豆」、奈良県の「浄福寺納豆」だよ。

　これらの糸を引かない納豆は、納豆菌をつかわず、こうじ菌をつかって大豆を発酵させ、塩水にひたして熟成させたあと、天日に干してつくられるんだ。黒っぽい色で、塩からく、みそのような風味だよ。お寺でつくりはじめられたため、「寺納豆」ともよばれているんだ。

京都の大徳寺納豆。おつまみとして食べられている。

外国にもある納豆

　インドネシアには、糸を引かない納豆「テンペ」がある。テンペはブロック状にかためてつくられる。これをうすく切って、日本のさつま揚げのように油で揚げたり、いためたり、煮物に入れたりして、さまざまな料理につかわれているよ。

　また、ブータンやネパール、インドには、日本の納豆とよく似た糸を引く納豆があるんだ。

　中国には、色が黒くて塩からい「トウチ」とよばれる納豆があるよ。これは、おもに調味料としてつかわれている。

© Sakurai Midori

テンペはバナナの葉につつんでつくられる。

中国のトウチ。みかけは日本の寺納豆とよく似ている。

発酵して、しっかりかたまったテンペ。

わたしたち日本人の
毎日の生活に欠かせないしょうゆは、
こうじ菌という微生物の力をかりて、
大豆と小麦を発酵させてつくるんだよ。
つぶつぶの大豆がどんなふうにしょうゆになるのか、見てみよう。

大豆を蒸す

大豆*をやわらかくして、大豆のたんぱく質がこうじ菌の作用を受けやすくする。

小麦を煎る・くだく

小麦のでんぷんが大豆のたんぱく質に作用しやすくする。

まぜる

蒸した大豆とくだいた小麦をあわせ、そこに種こうじを加えてまぜあわせる。

種こうじ

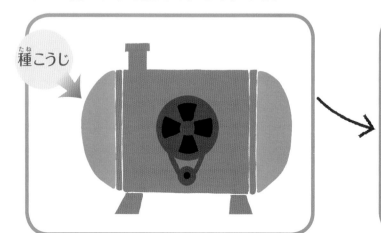

しょうゆこうじ

湿度の高い場所に3～4日ほどおいて、「しょうゆこうじ」をつくる。

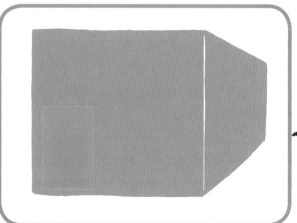

＊ しょうゆの原料である大豆は、丸大豆（丸のままの大豆）と脱脂大豆（→36ページ）に分かれる。品質にちがいはないが、丸大豆はまろやかな風味のしょうゆにしあがるといわれている。また、国内でつくられているしょうゆの約80パーセントは、脱脂大豆からつくられている。

もろみ

しょうゆこうじに食塩水をまぜて、「もろみ」をつくる。

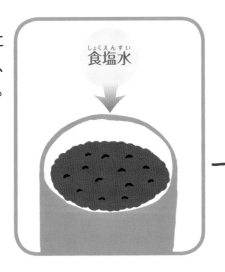

食塩水

しこみ

もろみをしこみタンクに入れ、6か月から1年かけて発酵・熟成させる。

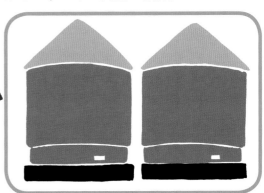

しぼる

もろみを布につつんで、高く積みかさねる。上から圧力をかけて、時間をかけてゆっくりとしょうゆをしぼる。

このしぼりたてのしょうゆを「生しょうゆ」というよ。

つめる

生しょうゆを加熱（火入れ）したあと、ボトルなどの容器につめる。

しょうゆの種類

しょうゆは、つくりかたや味のちがいで大きく次の5種類に分けられる。

●こいくちしょうゆ
色がこく、かおりが強い、もっとも一般的なしょうゆ。

●うすくちしょうゆ
関西で生まれた色のうすいしょうゆ。発酵をゆるやかにしてつくるため、塩はこいくちしょうゆより約1割多くつかわれる。

●たまりしょうゆ
中部地方でおもにつくられているしょうゆ。とろみがあり、大豆のうまみが強い。

●さいしこみしょうゆ
完成目前のしょうゆに、大豆と小麦を加えてふたたび発酵させてつくるしょうゆ。山口県を中心につくられていて、色・味・かおりが強い。

●白しょうゆ
小麦を多くつかってつくる、うすくちよりもさらに色がうすいしょうゆ。

しょうゆ蔵

大きな杉おけでゆっくりと発酵・熟成させる、
伝統あるしょうゆづくりを守りつづけている
埼玉県の笛木醤油さん。きょうは、
そのしょうゆづくりを見学させてもらおう。

国産の
丸大豆

埼玉県産の
小麦

メキシコの
天日塩

厳選された
原材料！

原材料の処理

前日から水にひたしておいた大豆を
蒸す。小麦は煎ったあと、ひきわる。

大豆の水分を
見きわめながら、
蒸しかげんを
調整するんだよ。

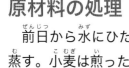

蒸してやわらかくなった大豆。

大豆と小麦、種こうじをまぜる

蒸した大豆とひ
きわった小麦をま
ぜあわせ、種こう
じをまぜる。

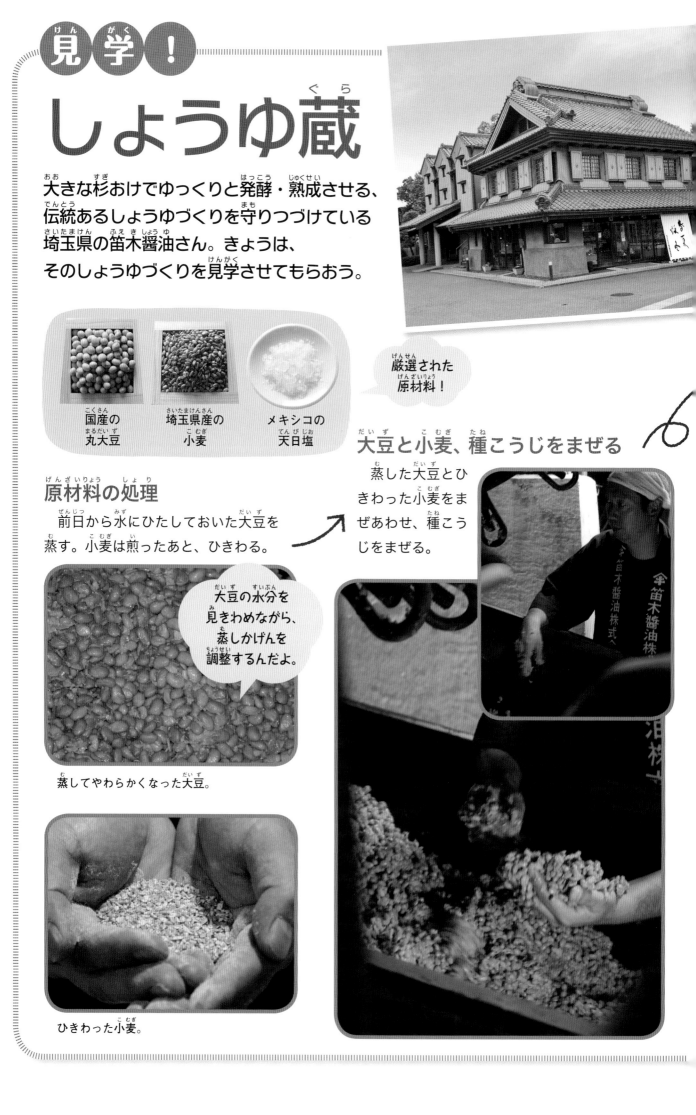

ひきわった小麦。

こうじづくり

　まぜあわせた材料をこうじ室へうつす。温度と湿度をこまめにチェックしながら、こうじ菌の活動をうながすように、こうじをほぐしては冷ます「手入れ」をおこなう。

こうじづくりは職人のうでの見せどころ。

こうじ室

発酵・熟成させる

　できあがったこうじと塩水をまぜあわせた「もろみ」を、大きな杉おけの中で2年間かけて発酵・熟成させる。

杉おけはこんなふうになっているんだよ。

しぼる

　もろみを布でつつんで積みかさね、圧力を加えてゆっくりしょうゆをしぼっていく。

　出てきたしょうゆの品質を安定させ、かおりを立たせるために、加熱（火入れ）する。

　容器につめれば、「金笛しょうゆ」のできあがり！

5 みそ へ

みそも、しょうゆと同じように、
こうじ菌の力をかりて大豆を発酵させてつくるんだ。
ここでは、麦みそのできるまでを見てみよう。

豆みそ
米みそ
麦みそ

原料の大麦

大麦を蒸す

よく洗ってじゅうぶんに水をすわせた大麦を、大きな蒸し器で蒸しあげ、冷ます。

種こうじをつける

下の白い粉が種こうじ。こうじは熱に弱いので、蒸した大麦を適温まで冷ましてから種こうじをつける。そして、こうじが好む温度と湿度の部屋（こうじ室）で一晩ねかす。

床もみ

ねかせていたこうじを大きな床に広げ、ほぐしながらこうじぶたに分けて入れる。適温（25〜30度）にたもたれたこうじ室で活発に育つこうじは熱をもち、手でほぐすと気持ちのよいあたたかさ。
こうじぶたを引きつづきこうじ室でねかす。

こうじぶた

大豆を蒸し煮する

前日に水にひたしておいた大豆を、やわらかく蒸し煮する。

大豆をミンチにする

蒸し煮した大豆を冷まし、細かくミンチにして、ベルトコンベアで次の工程へ送る。

麦こうじのできあがり

板状にできあがった麦こうじ。これをくだいて、ベルトコンベアで次の工程へ送る。

しこみ

麦こうじと塩、大豆をまぜあわせ、大きなおけに入れる。おけにふたをして重石をのせ、熟成させる。

3種類のみそ

大豆を米こうじをつかって発酵させると「米みそ」に、麦こうじをつかって発酵させると「麦みそ」になる。直接大豆にこうじ菌をつけて発酵させると「豆みそ」になる。

米みそ ＝ 大豆 ＋ 米こうじ(米＋こうじ菌) ＋ 塩

麦みそ ＝ 大豆 ＋ 麦こうじ(麦＋こうじ菌) ＋ 塩

豆みそ ＝ 大豆＋こうじ菌 ＋ 塩

麦みそのできあがり

こうじをたくさんつかっている麦みそは、2〜3か月ほど熟成させる。こうじのあまみが生きた、やさしい味わいの麦みそのできあがり。

日本人の知恵を学ぼう

大豆からは、日本の食生活に欠かせない食べものがつくられてきた。これまでのページで見てきた、きな粉、とうふ、納豆、しょうゆ、みそのほかにも、下のへんしんチャートのように、昔の人は知恵をはたらかせて、大豆をさまざまなすがたにかえて利用してきたんだよ。

へんしんチャート

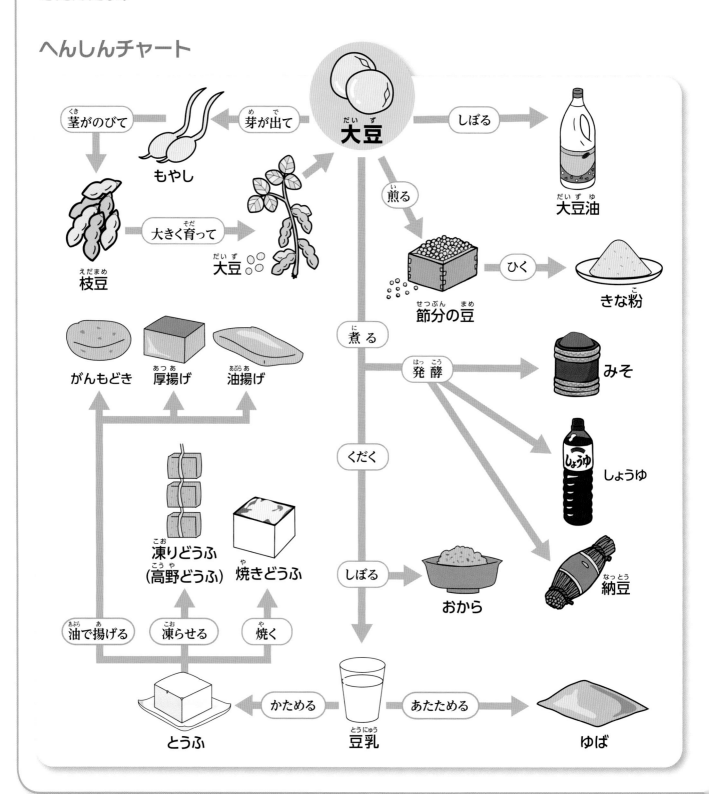

もやし って?

大豆を暗いところで発芽させたもの。大豆のほかに、緑豆やそばからつくるもやしもある。もやしは、たんぱく質をふくみ、うまみもあるすぐれた食材。

ゆば って?

豆乳を熱したときに表面にできるうすい膜を引きあげたもの。

そのまましょうゆをつけたり煮たりして食べる。

かんそうゆばは、もどしてから調理する。

凍りどうふ って?

とうふを凍らせてから解凍し、それをかんそうさせた食品で、長く保存できる。高野山の僧が製法を全国に広めたため、「高野どうふ」とよばれることが多い。調理するときは、水でもどしてから、味をつけただしなどで煮る。

米と大豆は「日本型食生活」の基本

　日本人は昔から、ごはんと「一汁三菜」を基本とした食生活をおくってきた。「一汁三菜」とは、汁物1品とおかず3品（主菜が1品、副菜が2品）を組みあわせた食事のこと。主菜には、魚や肉、卵、とうふなどのたんぱく質をたくさんふくむ食材がつかわれ、副菜には、野菜、いも、きのこ、豆、海そうなど、ビタミンやミネラル、食物せんいをたっぷりとれる食材がつかわれてきた。淡白な味のごはんを中心とするからこそ、さまざ

まなおかずを組みあわせることができるんだね。なかでも、日本人は大豆をうまく利用してきたよ。

　たとえば、

ごはん と みそ汁　　ごはん と 納豆

ごはん と とうふ　　ごはん と 煮豆

　この栄養バランスのいい日本の食事スタイルは「日本型食生活」といわれ、世界からも健康的な食事スタイルとして注目されているんだ。

6 大豆から 大豆油(だいずゆ)へ

大豆は、豆類のなかでは油分を
多くふくんでいるので、昔から大豆油が利用されてきた。
大豆からどんなふうに油を取るのか、見てみよう。

原料の受け入れ

穀物専用船によって海外から日本に運ばれて
きた大豆は、アンローダーという機械で船から
すいあげられ、港の近くにあるサイロにたくわ
えられる。

異物を取りのぞく

原料にまざっている金属やゴミ、大豆の
茎、さやなどを取りのぞく。

輸入大豆

日本国内で1年間に消費される大豆
の量は、約350万トン。このうち、国
産大豆は24万トンほどしかない。国産
大豆は、ほぼ全量がとうふ、煮豆、納
豆などの食品用につかわれていて、油
脂用大豆はほとんどがアメリカ、ブラ
ジル、カナダなどからの輸入大豆（遺
伝子組みかえ大豆*をふくむ）だよ。

油をとかして取りだす

大豆を細かくくだいて容器に入れ、油分をとかしだす
溶剤（食品添加物）を加えると、油をふくんだ液ができ
る。これを加熱して溶剤を蒸発させ、油だけを取りだす。

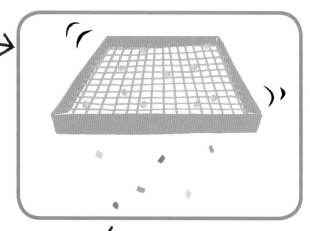

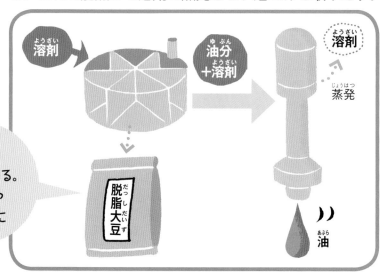

油をとったあとにのこる
脱脂大豆（大豆かす）は、
たんぱく質など豊富な栄養素をふくんでいる。
そのため、油を必要としないしょうゆや
みその原料、家畜の飼料（えさ）などに
利用されているよ。

*遺伝子組みかえ技術（他の生物の有用な遺伝子を組みこむ技術）を利用して栽培された大豆。日本では、安全性をみとめられたものが販売・流通を
みとめられている。

不要な成分を取りのぞく

油を遠心分離機にかけて、食用油には不要な成分を取りのぞく。

不要な成分

油

ごま油やなたね油

大豆は豆類のなかでは油分が多いけれど、100gあたりの油分は約10g。いっぽう、ごまやなたねの種は100gあたり約50gも油分をふくんでいる。油分を多くふくむごまやなたねは、加熱したあと圧力をかけて油をしぼりだす方法（圧搾法）がとられている。

脱色する

色を吸着して取りのぞく物質をつかい、色素を取りのぞく。さらに、ろ過することで、色のきれいな油にする。

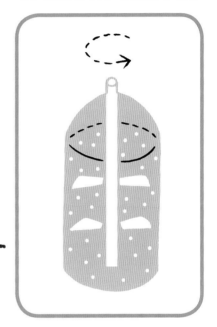

脱臭する

高温・真空の状態で水蒸気をふきこみ、油にふくまれるにおいの成分を完全に取りのぞく。

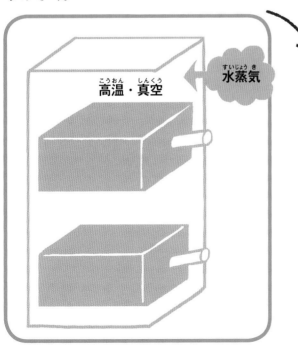

高温・真空

水蒸気

容器につめる

きれいになった油を容器につめれば、できあがり。容器には、びんや缶、プラスチックボトルなどがある。

業務用

家庭用

加熱しないでしぼるオリーブオイル

オリーブオイルは、オリーブの実をすりつぶしてしぼりとった植物油。大豆油やなたね油とはちがい，熱処理を加えないで生の果実からしぼりとるよ。日本のオリーブオイルの産地は、小豆島などわずか。ここでは、地中海に面したギリシャのオリーブオイルのできるまでを紹介しよう。

1 オリーブの収穫

木に登って実を取ったり、木の下にネットをしき、木をゆすってオリーブの実を落としたりする。

2 洗う

オリーブの実にまじっている枝や葉、ゴミなどを取りのぞき、水で洗う。

3 つぶす

オイルをしぼりやすくするため、機械で実をすりつぶしてペースト状にする。

4 油を取りだす

しぼり機でしぼったあと、すぐに遠心分離機にかける。あざやかな黄緑色のオイルが出てくる。

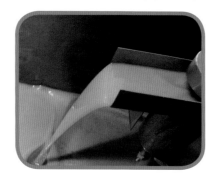

5 ボトルにつめる

オイルが空気にさらされる時間を短くするため、すぐにボトルにつめる。

バージンオリーブオイルって、なに？

バージンオリーブオイルは、精製をおこなわない、しぼったままのオリーブオイルのこと。いわばオリーブのフレッシュジュースなんだ。あざやかな黄緑色をしていて、さわやかなかおりがする。なかでも、その最高級のオイルをエクストラバージンオリーブオイルというんだよ。

さくいん

■監修
服部栄養料理研究会

学校法人服部学園常任理事の服部津貴子氏が会長をつとめる研究会。服部津貴子氏は農林水産省林野庁の特用林産物の普及委員、国際オリーブ協会アドバイザーとしても活躍し、兄・服部幸應氏とともに服部学園を拠点として食育の普及活動をおこなっている。
著・監修に『だれにもわかる食育のテーマ50』(学事出版)、「世界遺産になった食文化シリーズ」(WAVE出版) などが、服部幸應氏との共著・監修として『みんなが元気になるはじめての食育』シリーズ(岩崎書店)、「和食のすべてがわかる本」シリーズ(ミネルヴァ書房) などがある。

■編
こどもくらぶ (石原尚子)

■取材・写真協力
佐藤英明、(公財)日本豆類協会、
川原製粉所、とうふ工房ゆう、
全国納豆協同組合連合会、
大徳寺納豆本家磯田、笛木醤油、
光浦醸造、服部栄養料理研究会

■イラスト
花島ゆき

■装丁・デザイン
長江知子

■取材
多川享子、加藤　優

■制作
(株) 今人舎

■写真協力
PIXTA、フォトライブラリー

この本のデータは、2019年10月までに調べたものです。

日本人の知恵を学ぼう！
すがたをかえる食べもの　つくる人と現場①　大豆　　　　　NDC619

2020年1月30日　　　初版発行
2023年6月20日　　　3刷発行

監　　修　　服部栄養料理研究会
　編　　　　こどもくらぶ
発 行 者　　山浦真一
発 行 所　　株式会社あすなろ書房　　〒162-0041　東京都新宿区早稲田鶴巻町 551-4
　　　　　　電話　03-3203-3350（代表）
印刷・製本　瞬報社写真印刷株式会社

©2020　Kodomo Kurabu　　　　　　　　　　　　　　　　　40p ／ 31cm
Printed in Japan　　　　　　　　　　　　　　　　ISBN978-4-7515-2981-2